白山黑水 好風光 黑龍江

檀傳寶◎主編　馮婉楨◎編著

中華教育

萌萌的麅子君
麅子在被獵人追捕
的時候，會停下來
回頭看，這樣就給
獵人機會……所以，
當地人就稱麅子為
傻麅子。

紫貂

黑龍江

小興安嶺

大興安嶺

嫩江

哈爾濱的冰雕
哈爾濱是中國冰雪
藝術的搖籃。

東北扭秧歌
東北秧歌充分展現了
東北人民活潑俏皮的
一面。

滑雪
在中國東北的冰雪世
界，我們白天享受冰
雪運動，夜晚飽覽冰
城美景。

高粱

玉米

大豆

黑土地上大豐收

可愛的雪人

東北三寶

鹿茸

人參

松花江

長白山

霸氣的東北虎
中國是世界上產虎量最多的國家之一，有東北虎、華南虎、孟加拉虎，其中以東北虎最為名貴。

目　錄

這裏有黑色的土地等着你來觸摸，這裏有「東北亂燉」等着你來品嚐，這裏有各式冰雪遊戲等着你來玩耍，這裏有五彩的冰雕城堡等着你來欣賞……還等甚麼？歡迎來到黑龍江！

黑色的水，黑色的土

我繪山水顏色

　　小朋友，這裏有一幅山水畫，但是還沒有塗顏色。在你的眼裏，山和水分別是甚麼顏色的？

看看旁邊提供的一些配色方案，你會選用哪種配色方案呢？

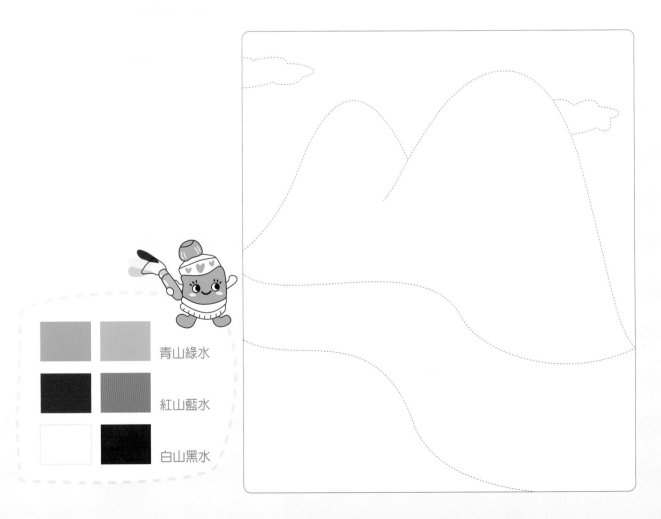

青山綠水

紅山藍水

白山黑水

白山黑水！這樣的景色在哪裏能見到呢？黑龍江。

黑龍江在我國東北角的黑龍江省境內，是我國與俄羅斯之間的界河。黑龍江與長江、黃河並稱中國最長的三大河流，是中國十大河流之一。冬天的時候，白雪覆蓋河水兩岸，一幅白山黑水的圖景美麗動人。

如果將中國版圖看成一隻昂首挺胸的大公雞，黑龍江恰在雞冠的位置上。

3

黑龍與白龍的戰爭

傳說遠古時，黑龍江不叫黑龍江，而叫白龍江。因為江裏居住着一條白龍。但是，白龍經常興風作浪，導致兩岸被淹，禍害方圓百里的老百姓。

後來，一個長得黑黝黝的少年來到江邊，決定幫助百姓懲治白龍。少年跳入江中，變成一條黑龍，與白龍展開了鬥爭。只見江面上黑白兩條龍互不相讓，兩者實力也不相上下。兩岸的百姓聽聞後都趕來為黑龍助威，並給黑龍準備了饅頭等食物。只要黑龍翻上來，老百姓就給黑龍扔饅頭吃；只要白龍翻上來，老百姓就用石頭砸它。

終於，黑龍戰勝了白龍，並在老百姓的擁戴下接管了江水，維護着這一方的安寧。從此，江的兩岸風調雨順。老百姓開始改叫這條江為黑龍江。

為甚麼黑龍江裏的水看起來是黑色的呢？真的是因為裏面住着一條黑龍嗎？

▼黑龍江周圍的原始森林

黑龍江流域有很多原始森林，周圍還有黑土地。森林中的樹木腐爛後不僅會轉化為礦產資源，還會順着雨水和雪水流入江中。黑土地中的礦物質也會滲透到江中。所以江水看起來是黑色的，其實它是透明無色的。

▼黑龍江周圍的黑土地

黑土地是個寶

在黑龍江周圍，有一大片黑色的土地。千萬不要把它當作普通的土地，這可是一塊寶。用老百姓的話說，這裏的土地肥得「流油」。在黑土地上，你種甚麼得甚麼，而且要比在普通土地上收穫得多。從這裏的土地生長出來的糧食不僅滿足了當地人的需要，還輸送到了全國各地，滿足了許多人的需要。所以，我們國家的人親切地把這裏叫作中國的「大糧倉」。

玉米

大豆

高粱

我是煤，可以燃燒，用來做飯或發電哦！

我可以提煉出金子，金子可以做成金幣或珠寶！

我們是藏在黑土地裏的寶貝。

目前，世界上有三塊著名的黑土地，黑龍江周圍的這片黑土地是其中之一。黑土地的形成十分不易。在寒冷的氣候條件下，草原茂盛的植被剝落腐蝕，逐漸積累成一層厚厚的腐殖質，進而才能形成肥沃的黑土層。研究發現，黑龍江周圍的黑土層的形成過程十分漫長，每形成一厘米厚的黑土可能需要 400 年。所以說，黑土地真是個寶啊！

黑土地本身是個寶，它的地裏面還藏着很多其他寶貝，地面上也生活着很多寶貝。來吧，找找這些寶貝！

我頭上的角叫鹿茸，是很名貴的藥材，能夠治癒疾病，延長人的壽命。

我是東北虎，不僅個頭大，而且頭上還有漂亮的「王」字！我喜歡生活在黑龍江周圍的山林裏，在其他地方一般見不到我！

我是人參，也是名貴的藥材，能夠調理人的身體狀態，使人恢復健康。

我是紫貂，我的嗅覺、聽覺非常靈敏，是東北三寶之一。

7

奇妙的冰雪世界

約會極光

在黑龍江南岸，有一個縣級市叫漠河。這是中國最北邊的城市，號稱中國的「北極城」。在漠河，有一個美麗的約會，人們可以在這裏約會絢麗無比的極光。通常，只有在地球的南極和北極周圍才能看到極光。漠河很幸運，每年夏至前後的幾天時間裏，人們在漠河就有可能看到美麗的極光。

所以，這裏成了攝影愛好者「約會」的地方。每當極光出現時，他們爭相趕到這裏舉起他們的相機拍攝美麗的極光。為此，中國攝影家協會還專門授予漠河「全國攝影基地」的稱號。

你喜歡下面哪幅極光攝影作品，給它取一個好聽的名字吧！

作品 1（　　）

作品 2（　　）

作品 3（　　）

作品 4（　　）

極光 是由於太陽帶電粒子（太陽風）進入地球磁場，夜間出現在地球南北兩極附近地區的高空的燦爛美麗的光輝。在南極稱為南極光，在北極稱為北極光。

玉樹瓊花

瞧，那是甚麼花？真的是「玉樹瓊花」嗎？
那是美麗的霧凇。

冬季的黑龍江是一個奇妙的冰雪世界。其中，最妙的就是霧凇現象了。霧凇是一種可遇不可求的自然奇觀，霧滴凝聚在樹枝上，就像倒掛在樹上的花兒一樣。

由於霧凇的美麗，很多文人都送了好聽的名字給它。例如，因為它美麗皎潔、晶瑩閃爍，像怒放的花兒，被稱為「冰花」；因為它在寒風中盛開，被稱為「傲霜花」；因為它寓意來年的美好，被稱為「瓊花」；等等。

五彩的冰塊

　　冰是甚麼顏色的呢？在黑龍江一帶，冰是彩色的哦！

　　看，這座用冰做成的城堡，它有藍色的台階、綠色的柱子和紫色的屋頂，看起來色彩斑斕，美麗無比。想像一下，誰會住在這個城堡裏呢？

　　在黑龍江一帶，漫天的冰雪成了大自然賜給人們的一筆財富。冰雪是天然的雕刻材料，人們運用自己的智慧和想像製作出了各式各樣的雪雕和冰雕作品。

▼雪雕作品

▼冰雕作品

快樂的冰雪遊戲

做個冰燈來照明

很早以前，在黑龍江周圍居住的人們夜晚出門或活動時，常常因蠟燭或火把容易被風吹滅而苦惱。後來，有人發明了冰燈，有效地解決了這個問題並流傳了下來。

材料與工具

裝水的容器（木桶、鐵盆或塑料袋）、水、繩子、安裝蠟燭或燈泡用的托板（泡沫塑料或者木板）、水盆、水杯、火烙鐵或撥火鐵棒。

製作方法

圖一

1. 裝水。注意水不要裝太滿。（如圖一）

圖二

2. 冷凍。裝好水後，室外溫度在 -10℃以下的話，可放在室外冷凍，南方地區的同學，可以利用家裏的冰箱冷凍。（如圖二）

冰燈是怎麼製作的呢？很簡單。把雪裝進木桶裏化成水，然後再將水凍成冰。在冰將要凍好、中間還有水的情況下，將冰倒出，敲碎冰頂，這樣一個冰罩就製作完成了。就像我們現在的燈罩一樣，把冰罩套在放有蠟燭的木托上，一個冰燈就製作完成了。

為了方便使用，人們會用熱烙鐵在冰燈上燙出兩個洞來，拴上繩子拎着走。為了延長冰燈的使用壽命，人們還會在冰水裏加入礬，這樣冰融化得慢一些。為了讓冰燈看起來美觀，人們還會在冰罩上雕刻出一些圖案，或貼印上一些圖案。後來，冰燈慢慢地成了一種節日習俗和工藝品。例如，過年的時候，很多人家會在家門口擺個冰燈，或給孩子拎着玩，增加節日氣氛。

如果自己在家裏做冰燈的話，你會怎麼做呢？來試一試吧！

做好的冰燈可以放在哪裏呢？放在樓道口給大家欣賞和照明，是一個不錯的選擇喔！

圖三

3. 觀察。冷凍時要經常觀察，使外層結冰均勻，冰層要厚達 2-3 厘米。（如圖三）

圖四

4. 做冰燈。燒熱烙鐵，在冰塊上、下各燙一小孔，將末結成冰的水排出。要注意安全哦！（如圖四）

圖五

5. 將冰塊放在用泡沫塑料做成的底座上，點燃小蠟燭放入冰塊中，一盞晶瑩剔透的冰燈就閃爍在你眼前了。（如圖五）

延伸活動

時間長了，蠟燭就會燃盡。我們還可以試着用小電珠代替蠟燭，做個七色冰燈。甚至，可以在冰裏加入顏料，讓冰燈發出彩色光芒。

13

雪地裏的遊戲

　　下課了，打雪仗了！小朋友飛奔到操場上，你揉一個雪球，砸向他，我抓一把雪，扔給你……雪球打到我們的身上，碎了，碎得像花一樣美！疼嗎？那感覺像朋友興奮地拍了你一下！雪被我們拋了起來，像霧，像煙，又像好吃的棉花糖。

　　啊！雪水貼到了我們的臉上，鑽進了我們的脖子裏，跳到了我們的舌頭上，涼涼的、甜甜的……這就是打雪仗！當然，上天送給我們雪，我們豈能不用它創造更多的遊戲呢？你還會玩哪些雪地裏的遊戲呢？滑雪、滑冰……

小女孩的滑冰方式看起來很安全！

14

那高高長長的滑雪道，看這飛躍的英姿，想不想試一試從滑雪道上滑下來的感覺呢？

滑雪時，有圓滾滾的輪胎幫忙方便極了！

冰面上的每個人是不是都像專業運動員一樣英姿颯爽呢？

雪天游泳

　　冬天在水裏游泳是不是感覺很酷呢？事實上，如果你像他們一樣進行冬泳練習，你也會不畏雪水的寒冷。有人說，冬泳是「血管體操」，非常有助於提升人的身體素質。也有人說，冬泳是勇敢人的運動，能有效地鍛煉人的意志。在我國，冬泳就發源於東北一帶。20世紀70年代，東北的哈爾濱和佳木斯市就開始有人在冬天破冰下水游泳，開啟了冬泳的先例，引發了大家的追捧。現在，那裏的許多人都是冬泳愛好者，常年堅持冬泳，練就了堅強的意志和強壯的身體。因此，有人讚譽東北人為勇敢的人。

冰上偷着樂

　　見過在田地上耕地，沒見過披星戴月地在雪地裏爬犁的。這是幹甚麼呢？

　　這就是著名的東北冬捕了！一開始，只有幾個人和幾匹馬在冰面上轉動爬犁，試圖在冰面上鑿出冰洞。然後，會有很多人協作，順着冰洞向水裏撒下漁網，等着魚入網後向上收網。當成千上萬的魚被拉出冰面跳躍不停時，大家心頭那個豐收的喜悅無法掩飾。

如果你捕到這麼大的魚，會不會笑得合不攏嘴呢？

盼啊盼，盼着魚兒快點跳到冰上來！

收網了！哪條魚最大？

東北菜火了

東北菜，在中國可謂是家喻戶曉。量大實惠是東北菜的典型特點，一如東北人高大實在的形象。東北菜中以燉菜最為出名。其中有一道菜叫「東北亂燉」，就是把馬鈴薯、豆角、茄子、肉和粉條等材料放進鍋裏「亂燉」一通即成，吃起來有葷有素，軟爛熱乎，營養豐富。小朋友，你不妨在家裏做做看！

為甚麼東北人流行吃燉菜呢？東北一帶是多民族混居地，包括滿族、朝鮮族、蒙古族和鄂倫春族等多個少數民族都聚居在這裏。其中滿族和蒙古族曾是典型的遊牧民族。想想看，冬日漫長，天氣寒冷，如果快速地支起鍋灶煮上一鍋燉菜，然後在邊加熱的同時邊吃着美味的菜餚，那熱氣騰騰的景象是多麼溫馨啊！

東北菜與東北人

現在，東北菜館在全國各地遍地開花，並且大多賓客如雲，特別受老百姓的歡迎。與東北菜館的流行一樣，東北人也活躍在全國各地，他們豁達、豪放、剛毅、勇敢，深受大家的喜愛。

窗戶紙糊在外

古代，人們大多使用木欞格子窗戶，並在窗戶上從裏面糊一層紙來隔光隔寒。但是，在黑龍江一帶，窗戶紙是糊在窗戶外面的！這是不是反了呢？不是，這反倒是東北人智慧的表現哦！

想想看，東北的冬天室外溫度很低，並且常有風雪；室內由於燒了土炕，溫度較高。假設把窗戶紙貼在裏面，雪就很容易被風吹到窗戶上，積聚在窗欞上，在室內溫度的影響下融化，進而使窗戶紙爛掉。反過來，把窗戶紙貼在外面，雪就不容易積聚在窗戶上，而且由於壓力面更大，風本身對窗戶紙的壓力就減小了，這樣窗戶紙就會更加經久耐用。

除此之外，東北人還會在窗戶紙上貼上各式各樣的紅色窗花。貼窗花一方面裝飾了窗戶，另一方面表達人們對生活的美好期待。

今天，在黑龍江一帶，人們都用上了玻璃窗戶，糊紙的木窗戶很少見到了，但是貼窗花的習俗依然保留了下來，並成了一項重要的文化遺產。

不同的窗花表示不同的寓意和風俗習慣，猜猜下面的窗花表示甚麼吉祥寓意呢？

用剪紙的形式來表現東北人的生活，是不是別有韻味呢？
來，學着剪個窗花吧！

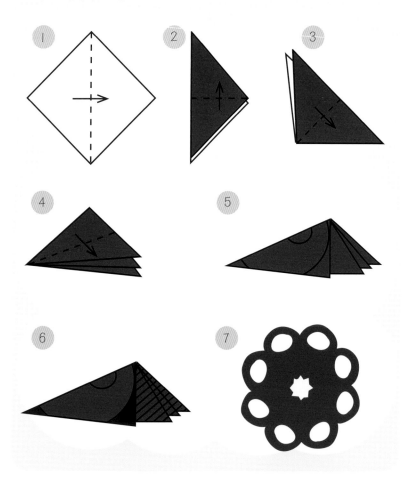

可以提前畫出不同的圖案，
再來剪，這樣花樣更多哦！

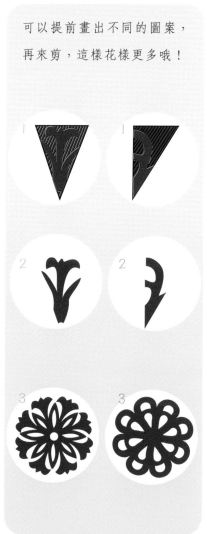

大小秧歌轉起來

你會扭秧歌嗎？秧歌，本來是插秧時唱的歌，後來經過演繹變成了歌舞一體的一種民間文藝形式，流行於我國的北方地區。後來，隨着漢族人闖關東，將這種文藝形式帶到了東北，形成了獨具特色的東北秧歌，具有明顯的「穩、哏、浪、俏」的特點。

每逢過年，東北的羣眾會自發地組織起來表演大秧歌，成羣結隊的人們一起隨着鼓點舞動，甩動扇子、手絹或綢子，通過變換手勢和步伐形成多樣的舞蹈動作。人們通過舞動大秧歌來慶祝豐收，也會扭着秧歌走家串戶地慶祝新年。除了大秧歌之外，東北還有小秧歌，也就是二人轉。二人轉通常由男女兩個人邊唱邊表演，內容詼諧幽默，以豐富人們的閒暇生活為目的。東北的大、小秧歌充分展現了東北人活潑俏皮的一面，也如東北的大花布一樣給人火辣辣的感覺。

長鼓打起

哇！這是甚麼舞蹈？這麼優美！

除了秧歌這樣帶有「辣」味的漢族藝術形式以外，在黑龍江一帶還有優美的長鼓舞。長鼓舞是朝鮮族的代表性舞蹈之一，也同樣產生於人們的生產勞作。長鼓舞充分地表現了朝鮮族女性的精神氣質，即柔美中透出堅貞的民族性格。

朝鮮族長鼓舞的長鼓為筒形，鼓身木製，兩端粗，蒙以羊皮或驢皮，中間纖細。演奏時將鼓橫在胸前，舞者或用手或用鼓槌擊出不同節奏，隨拍而舞。兩個鼓面音色、音階都不同，加上敲擊鼓幫，聲音高低有致。

你來猜猜看，朝鮮族的男子服飾是在模仿哪種動物呢？

答案是仙鶴。你能指出其中的相似之處嗎？

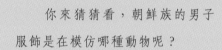

仙鶴，也就是丹頂鶴，是世界級瀕危保護動物。我國黑龍江一帶是丹頂鶴的主要棲息地之一。在我國歷史上，仙鶴一直被視為一等文禽，認為其象徵着長壽和幸福。尤其在道教文化中，仙鶴是與天界的神仙生活在一起的飛鳥。

朝鮮族對仙鶴非常喜愛與崇敬。據說，朝鮮族男子在一身素白衣褲外另罩一件黑色背心的傳統服飾，是來源於對仙鶴白羽黑翅的仿照。而且，在出席正式場合時，還要特地戴上一頂猶如「鶴冠」的黑色紗帽，給人以高貴、素雅之感。

黑土地上的英雄

黑色年代裏的代價

　　黑龍江一帶美麗富饒，但是歷史上，日本和俄國都曾侵佔過這裏。中國人為此開展過艱苦的保衞鬥爭，並留下了許多感人的故事。

她的碗又丟了

　　在東北同日寇作艱苦鬥爭時，趙一曼任東北抗日聯軍某團政治委員，當時物資和糧食都十分緊缺，不僅很多人吃不飽飯，甚至連吃飯的碗都沒有。看到別的戰士沒有碗吃飯，趙一曼就把自己的碗送給了戰士。當看到自己的政委沒有碗吃飯了，通訊員小李着急壞了。

　　一次戰鬥結束後，通訊員小李撿到了一個碗，高興地用撿到的碗給趙一曼盛了一碗高粱飯。趙一曼一看就知道這比平時吃得好，但是她沒有責備通訊員，而是趁通訊員不注意的時候，將這碗飯倒回了鍋裏，重新盛了半碗菜粥。第二天開飯的時候，趙一曼又沒有碗了。小通訊員急得直叫：「我說政委同志啊，給你一百個碗也架不住這麼丟呀！」趙一曼笑着說：「是啊，甚麼時候才能不丟碗呢？」

堅持到底

在東北的山林裏，楊靖宇帶領部隊與日本侵略軍展開激烈的戰鬥。由於敵人人數眾多，連續戰鬥幾天後，楊靖宇的部隊損失慘重，並且陷入了無彈藥和糧食補給的狀態。但是，楊靖宇堅持戰鬥。最後，在只剩下楊靖宇一個人的情況下，他仍毫不畏懼，頑強抗擊，擊敵二十餘人，最後壯烈殉國。

楊靖宇犧牲後，敵人十分好奇，在沒有糧食的情況下，楊靖宇是如何堅持戰鬥的？他們殘忍地剖開了楊靖宇的腹部，驚駭地發現胃腸裏盡是未能消化的枯草、樹皮和棉絮，沒有一粒糧食。在場的日寇無不震驚。

▼今天，很多小朋友會到東北抗日聯軍紀念園緬懷那段歷史和抗日英雄們。

紅色年代裏的激情

中華人民共和國成立伊始，各行各業百廢待興，人們在生活中缺衣少食，但大家都激情高漲地投入勞動和工作中。黑龍江一帶也不例外。當時，無論是農業，還是工業，黑龍江地區都湧現出了一批批模範勞動者。

鐵人的工作效率

小朋友，你聽說過「洋油」嗎？

洋油，是指從國外進口的石油產品。

中華人民共和國成立前，我國石油的開採量非常小，遠不夠人們生活所需。在這種情況下，美國和蘇聯爭相向我國傾銷石油產品，洋油幾乎壟斷了整個市場。但是，洋油的價格很高，給人們的生活造成了很大的壓力。

1960 年 2 月，一輛開往黑龍江地區的火車上，王進喜和他帶領的 1205 鑽井隊隊員們興奮地交談着：「這次黑龍江一帶發現石油，咱們國家就要有自己的石油了。」一下火車，王進喜一不問吃，二不問住，先問鑽機到了沒有、井位在哪裏，恨不得一拳砸出一口油井來。鑽機到了，但是沒有吊車和拖拉機，汽車也不足，王進喜就帶領隊員人拉肩扛地把龐大沉重的鑽機卸了下來。僅僅用了 4 天時間，王進喜他們就把 40 米高的井架豎立在茫茫荒原上；僅僅用了 5 天多的時間，王進喜他們就打出了一口深井。這就是今天黑龍江大慶油田最早的油井之一。

王進喜他們沒日沒夜地幹，飯做好了也不回來吃，當地的大娘感慨道：「這王隊長可真是個鐵人啊！」正是有了鐵人的工作效率，我國在 1965 年做到了原油產品自給，結束了依賴洋油的歷史。

這困難，那困難，國家缺油是最大困難；這矛盾，那矛盾，國家建設等油用是最主要矛盾。

▶ 王進喜，原大慶油田鑽井指揮部副指揮、鑽井隊長，被譽為「鐵人」。

從北大荒到北大倉

1947 年，東北解放區就開始創建北大荒的國營農場，拉開了開發建設黑土地的序幕。1958 年 4 月 12 日，黑龍江省密山市火車站廣場上紅旗招展，人山人海。廣場的高音喇叭裏播放着激昂的樂曲，王震將軍精神抖擻地登台講話，歡迎 6 萬轉業復員官兵參加開墾北大荒大會戰，屯墾戍邊，並實事求是地告訴大家：「目前有一個困難，就是來到密山的轉業軍人很多，汽車運不過來。有的同志建議，不坐汽車，走路，走上三四天就到了自己的農場。早走早到，早到早生產。我看這個建議很好，有革命幹勁，大家同意不同意？」話音剛落，廣場上一片歡騰，官兵們齊喊：「同意！」「同意，明天早晨就出發！」

第二天早晨，各路人馬扛着紅旗浩浩蕩蕩地走進了北大荒深處。

那時的北大荒可真是名副其實的荒蕪啊！一望無際的荒原裏，到處是荊棘、沼澤、毒蟲、猛獸……還有漫長寒冷的冬季和深達 2.5 米的凍土層。就在這裏，墾荒大軍爬冰臥雪，排乾沼澤，開墾荒原。甚至，他們用手刨土，睡草棚，喝清湯……

今天的北大荒已經變成了北大倉，是我國重要的糧食生產基地和儲備基地。

事實上，除了 6 萬退役軍人，1968 年之後北大荒還陸續迎來了 54 萬城市青年和現役軍人。他們有一個共同的稱呼「北大荒人」。幾十年間，北大荒人克服種種困難，在北大荒上建成了一大批機械化程度較高的國有農場，向全國各地輸送着優質農作物。

黑瞎子島開門迎客

　　黑龍江是中國和俄羅斯之間的界河，南邊是中國，北邊是俄羅斯。江中有一個小島叫黑瞎子島，面積是香港的三分之一，澳門的十二倍。黑瞎子島上大多是濕地，並有大量可用來農耕或放牧的土地，生活着許多珍稀的獸類和水鳥，島四周的魚產量也很豐富。

　　歷史上，黑瞎子島是中國的固有領土。後來，各國列強開始侵佔中國土地。其間，俄羅斯曾佔領黑瞎子島，不准中國漁民上島。

▲黑瞎子島上五星紅旗飄揚

中華人民共和國成立後，中俄雙方關於黑瞎子島的歸屬問題進行了多輪談判。

2004 年，中國和俄羅斯關於黑瞎子島上的邊界爭議終於塵埃落定。中俄達成了關於黑瞎子島的協議。2008 年 10 月 14 日，中國和俄羅斯在黑瞎子島上舉行「中俄國界東段界樁揭幕儀式」，黑瞎子島一半領土回歸中國。2015 年 3 月 28 日，黑龍江黑瞎子島晉升國家級自然保護區。

黑瞎子島一半領土回歸中國後，很多人都希望參與黑瞎子島的建設，並提出了建設規劃和設想。

如果讓你來管理黑瞎子島，你會怎麼開發和建設黑瞎子島呢？你會接受下方哪些人的規劃和建設方案呢？

A. 借助黑瞎子島的地理位置，鋪設一條鐵路橫跨中國和俄羅斯，這樣在兩國之間往來就不用坐船了，更加方便。

B. 在黑瞎子島上建設捕魚站，這樣方便捕撈江裏的魚。

C. 勘探黑瞎子島上的礦產資源，進行開發。

D. 在黑瞎子島上成立自由貿易區，這樣可以增強中國與鄰國之間的貿易往來。

E. 調查黑瞎子島上的生態情況，保護島上的生態環境。

F. 在黑瞎子島上建設旅遊項目，吸引世界各國的遊客。

明代政府曾多次派官員到島上巡視，島上有中國的居民居住。

清代曾在黑瞎子島上設立邊防哨卡，派兵駐島。

民國時期，蘇聯強佔了黑瞎子島，當時的中國軍隊無能為力。

中華人民共和國成立後，中國政府就黑瞎子島的歸屬問題與俄羅斯進行了多輪談判。談判非常艱難，最終達成共識。

我島我心

　　黑瞎子島回歸中國後，圍繞着黑瞎子島的開發建設工作也就啟動了。例如，在黑瞎子島上開發旅遊項目，建立濕地公園；鋪設通往黑瞎子島的交通軌道，等等。黑瞎子島的開發建設不僅調動了當地人的熱情，也吸引了海內外的眾多投資者。

　　但是，2013年8月，持續降雨引發的洪水造成黑龍江水位上漲，位於江水中間的黑瞎子島的陸地被水全部淹沒，就連中國和俄羅斯之間樹立的界碑也沒入水下。島上的民眾不得不撤離，只留下駐島的官兵守在島上。

　　這不得不讓人思考，我們到底該如何守住黑瞎子島呢？

▼遊客們在黑瞎子島濕地公園遊玩

黑龍江的兒女

　　在黑龍江一帶，流傳着這麼一個故事。一隻丹頂鶴在覓食時陷入了沼澤地，一個女孩剛巧經過便伸手相助。結果，丹頂鶴成功脫險，女孩卻陷進沼澤地裏不見了。從那以後，成羣的丹頂鶴經常在那片沼澤地上盤旋，並發出悲涼的叫聲，似乎是在呼喚女孩的名字。有人將女孩的故事寫成了歌曲，歌曲的名字就叫《一個真實的故事》，又名《丹頂鶴的故事》，這首歌被廣為流傳。

　　今天，很多人自發地加入了保護丹頂鶴，保護濕地，保護黑龍江和保護東北的行動中——

　　下面有兩支黑龍江生態保護小分隊，每隊都有自己的目標。看一看，你願意加入哪支小分隊，又能夠提供甚麼樣的幫助呢？

1　丹頂鶴保護隊

2010 年，有人對全世界的丹頂鶴總數進行了估計，僅存 1500 隻了。其中在中國境內越冬的有 1000 隻左右。丹頂鶴需要生活在潔淨而開闊的濕地裏。由於濕地減少，國家已經為丹頂鶴設立了專門的自然保護區，包括黑龍江的自然保護區。

保護隊的目標是深入保護區，維護保護區的環境。

保護隊工作的第一步：走訪保護區的工作人員，了解丹頂鶴現在需要哪些幫助。

_____

_____

保護隊工作的第二步：思考我們能為丹頂鶴做甚麼？制訂工作計劃。

_____

_____

2　黑土地保護隊

黑龍江地區的黑土地是中國的大糧倉，但是它正在悄然流失，面積縮小，肥力也在減弱。黑土地的形成過程又十分緩慢。怎麼樣既保護黑土地的生態，又增產糧食呢？

保護小組 1：深入農戶走訪調查黑土地流失的原因。

_____

_____

保護小組 2：查閱資料，諮詢農業專家尋找改善黑土地的方法。

_____

_____

我的家在中國・山河之旅①

白山黑水
好風光 | 黑龍江

檀傳寶◎主編　馮婉楨◎編著

責任編輯：吳黎純　楊　歌

裝幀設計：龐雅美

排　版：陳先英

印　務：劉漢舉

出版 / 中華教育

香港北角英皇道 499 號北角工業大廈 1 樓 B

電話：（852）2137 2338

傳真：（852）2713 8202

電子郵件：info@chunghwabook.com.hk

網址：https://www.chunghwabook.com.hk/

發行 / 香港聯合書刊物流有限公司

香港新界荃灣德士古道 220-248 號

荃灣工業中心 16 樓

電話：（852）2150 2100

傳真：（852）2407 3062

電子郵件：info@suplogistics.com.hk

印刷 / 美雅印刷製本有限公司

香港觀塘榮業街 6 號

海濱工業大廈 4 樓 A 室

版次 / 2021 年 3 月第 1 版第 1 次印刷

©2021 中華教育

規格 / 16 開（265 mm x 210 mm）

本書繁體中文版本由廣東教育出版社有限公司授權中華書局（香港）有限公司在香港特別行政區獨家出版、
發行。